AF586228

STATUTS

DE LA

COMPAGNIE AGRICOLE ET INDUSTRIELLE

D'ARCACHON.

(*Arrondissement de Bordeaux.*)

STATUTS

DE LA

COMPAGNIE AGRICOLE

ET INDUSTRIELLE

D'ARCACHON.

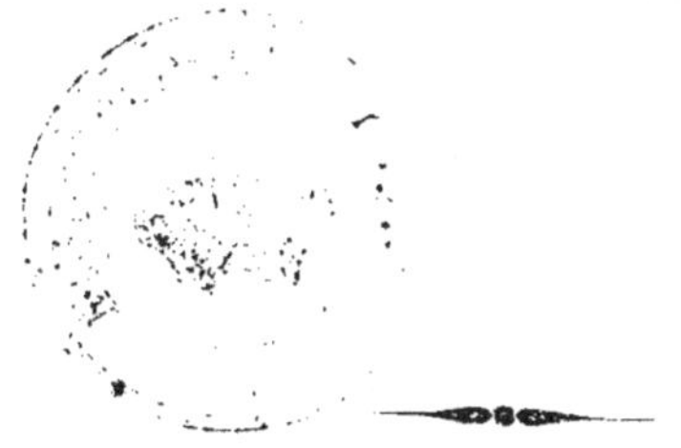

PARIS,

IMPRIMERIE DE BOURGOGNE ET MARTINET,

RUE JACOB, 30.

1837.

STATUTS

DE LA

COMPAGNIE AGRICOLE ET INDUSTRIELLE

D'ARCACHON.

PARDEVANT Me Valentin-Étienne Frémyn, et Me Jean-Baptiste-Eugène Thiac, notaires à Paris, soussignés,

FURENT PRÉSENTS:

M. Marie-François-Alexandre comte de Blacas-Carros, propriétaire, chevalier de la Légion-d'Honneur et de Saint-Jean de Jérusalem, demeurant à Paris, rue de la Planche, n° 19;

M. Paul-Émile Wissocq, ancien élève de l'école Polytechnique, demeurant aussi à Paris, rue Taitbout, n° 32;

Et M. Pierre-Euryale Cazeaux, ancien élève de l'école Polytechnique, demeurant également à Paris, rue de l'Université, n° 88;

Mesdits sieurs comte de Blacas, Wissocq et Cazeaux, *D'UNE PART;*

M. Auguste Bessas-Lamégie, chevalier de la

Légion-d'Honneur, maire du dixième arrondissement de la ville de Paris; et madame Anne-Charlotte Boulay (de la Meurthe), son épouse, qu'il autorise à l'effet des présentes, demeurant ensemble à Paris, rue du Bac, n° 33;

Mesdits sieur et dame Bessas-Lamégie agissant solidairement entre eux;

Et M. Louis-Eusèbe-Henri Gaullieur-L'Hardy, et dame Françoise-Coraly Granier, son épouse, qu'il autorise à l'effet des présentes, demeurant à Bordeaux, département de la Gironde, rue Saint-Fort Saint-Seurin; tous les deux étant en ce moment à Paris, logés rue du Faubourg-Saint-Honoré, n° 54, agissant solidairement entre eux;

Mesdits sieurs et dames Bessas-Lamégie et Gaullieur-L'Hardy, *D'AUTRE PART*.

Lesquels en présence de

1° M. Antoine-Louis-Marie Hennequin, membre de la chambre des Députés et de l'ordre royal de la Légion-d'Honneur, avocat à la Cour royale de Paris, demeurant en cette ville, rue des Saints-Pères, n° 3;

2° M. Joseph-Elisabeth-Georges Merlhie-Delagrange, avocat à la Cour royale de Paris, ancien avocat aux Conseils du roi et à la Cour de cassation, chevalier de la Légion-d'Honneur, demeurant à Paris, rue de Hanovre, n° 5;

3° M. Paul Calley de Saint-Paul, avocat à la Cour royale de Paris, demeurant en ladite ville, rue Saint-Georges, n° 15;

4° M. Jean-Baptiste Duvergier, avocat à la même Cour, demeurant à Paris, rue de Seine Saint-Germain, n° 66;

5° M. Ariste Boué, avocat à ladite Cour, demeurant même rue, n° 14;

6° M. Benjamin-Victor Vernois, ancien notaire à Paris, demeurant en cette ville, rue Christine, n° 3;

7° M. Jean-Baptiste-Julien Mandaroux-Vertamy, avocat aux Conseils du roi et à la Cour de cassation, demeurant à Paris, rue Hautefeuille, n° 13;

8° M. Henri Castaignet, avoué près le tribunal civil de première instance du département de la Seine, demeurant à Paris, rue de Hanovre, n° 5;

9° Et M. Paul-Honoré-Octave Ajax-Guibert, avocat, agréé au tribunal de commerce du département de la Seine, demeurant à Paris, rue de Richelieu, n° 80;

Leurs conseils,

ONT EXPOSÉ CE QUI SUIT:

La population du département de la Gironde est principalement adonnée à la culture de la vigne et aux spéculations commerciales. Il en résulte qu'elle est tributaire des départements voisins pour un grand nombre de productions territoriales, notamment pour les fourrages, et qu'elle manque d'usines et de manufactures.

Dans cet état de choses, les comparants ont jugé que le moment était venu d'appeler le concours de l'agriculture et de l'industrie pour donner, aux éléments productifs d'une propriété située dans l'arrondissement de Bordeaux, tout le développement que permettent d'atteindre des circonstances nouvelles, tout-à-fait spéciales et éminemment favorables.

Cette propriété, d'une superficie de près de huit lieues carrées, d'un seul tenant, est bornée vers la mer par une immense forêt, où les colons ont la facilité de prendre gratuitement leur bois de chauffage et de construction. Elle aboutit d'un côté à un inépuisable étang d'eau douce et limpide, susceptible d'alimenter de nombreuses usines et de fournir en abondance à l'arrosement des prairies. Elle communique, d'un autre côté, avec le bassin maritime d'Arcachon, d'où les produits peuvent être immédiatement dirigés sur tous les ports de l'Océan. Elle possède à proximité le minerai de fer et le combustible nécessaire à l'établissement de hauts-fourneaux. Elle est favorisée par le voisinage des engrais salés du bassin d'Arcachon, et présente, sur plusieurs milliers d'hectares, en contre-bas des étangs, une pente régulière parfaitement convenable aux irrigations qui assurent la production des fourrages. Elle est traversée, sur une longueur d'environ 8,000 mètres, par un canal actuellement en exécution, qui la rattache à un pays productif, privé jusqu'à ce jour de moyens de transport, et elle n'est qu'à douze lieues de poste de la ville de Bordeaux, avec laquelle elle doit avoir incessamment une nouvelle communication par un chemin de fer. En un mot, elle présente tous les avantages désirables de situation, d'étendue et de fertilité. Cette propriété offrira, dans peu de temps, à tout le département de la Gironde, et aux habitants de Bordeaux en particulier, une foule de produits agricoles ou manufacturés qu'il faut actuellement aller chercher au loin; et en même temps, elle assurera aux capitaux d'exploitation une source de bénéfices, tant par la vente de ces produits que par la plus-value des terres.

C'est par ces motifs que les comparants se sont réunis, par la médiation de la Compagnie générale de dessèchement, pour former, avec son concours, une société dont les statuts ont été arrêtés ainsi qu'il suit, de l'avis de MM. les avocats et jurisconsultes sus-nommés.

STATUTS.

TITRE PREMIER.

FORMATION DE LA SOCIÉTÉ, SON SIÉGE, SA DURÉE. — RAISON SOCIALE ET DÉNOMINATION DE LA SOCIÉTÉ.

ARTICLE PREMIER.

Il est formé par ces présentes une société en nom collectif et en commandite, savoir :

En nom collectif, à l'égard de MM. le comte de Blacas, Wissocq et Cazeaux, qui en sont les gérants, et en commandite, à l'égard de M. Bessas-Lamégie, de M. Gaullieur-L'Hardy, et des personnes qui y prendront intérêt par la suite en devenant propriétaires d'actions de ladite Société dans les formes qui seront ci-après déterminées.

ART. 2.

Le siége de la Société est fixé à Paris.

Il est aujourd'hui quai Voltaire, n° 13.

Cette localité peut être changée en vertu d'une délibération prise à l'unanimité par les trois gérants.

Le changement sera publié dans les deux journaux indiqués par le tribunal de commerce pour la publication des actes judiciaires.

La comptabilité générale, ainsi que les archives, seront à Paris, au siége de la Société.

Les assemblées générales des actionnaires, les séances de la commission de surveillance, des conseils d'art, du contentieux et d'agriculture, se tiendront également à Paris.

L'exploitation des propriétés de la Compagnie sera dirigée par les gérants sur les lieux, où ils auront droit à un logement convenable.

Art. 3.

La Société est constituée à compter de ce jour.

Sa durée est fixée à trente ans, à compter du 1er janvier 1837.

Elle pourra être prorogée sur la proposition des gérants, et en vertu d'une délibération de l'assemblée générale, ainsi qu'il sera expliqué à l'article 38 des présentes.

Art. 4.

La raison sociale est : Comte de Blacas, Wissocq, Cazeaux et compagnie.

La Compagnie prend la dénomination de Compagnie agricole et industrielle d'Arcachon.

TITRE DEUXIÈME.

OBJET DE LA SOCIÉTÉ.

ART. 5.

La Société a pour principal objet l'exploitation des terres, bois, marais, chutes d'eau, minières et plaines arrosables, composant toutes les propriétés apportées à la Société par mesdits sieurs et dames Bessas-Lamégie et Gaullieur-L'Hardy, lesquelles propriétés sont traversées par le canal qu'exécute la Compagnie des Landes, entre l'étang de Cazau et le bassin maritime d'Arcachon, arrondissement de Bordeaux.

TITRE TROISIÈME.

APPORTS SOCIAUX.

ART. 6.

L'apport social de MM. de Blacas, Wissocq et Cazeaux, est par eux fait en espèces.

Il est énoncé et constaté sous l'article 21 ci-après.

M. et madame Bessas-Lamégie, et M. et madame Gaullieur-L'Hardy, apportent dans la Société, à titre de mise sociale, toutes les propriétés acquises par M. Bessas-Lamégie et M. Gaullieur-L'Hardy dans l'arrondissement de

Bordeaux, département de la Gironde, sur les communes et quartiers du Teich, de la Teste, de Cazau, de Gujan, de Mestras et autres circonvoisins. Elles sont d'un seul tenant, sauf quelques dépendances et enclaves.

Lesdites propriétés occupent une superficie d'environ 36,566 journaux bordelais, ou 11,674 hectares, plus environ 2,741 journaux bordelais, ou 914 hectares, dont se sont indûment emparés des habitants de la commune de Sanguinet, par suite d'une confusion faite par le cadastre d'une portion du territoire du Teich avec celui de Sanguinet; et elles se composent de terrains et landes, bâtiments, corps de ferme, moulin, forêts et semis de pins.

Les immeubles apportés par M. et madame Bessas-Lamégie, sont décrits et détaillés, et la propriété en est régulièrement établie en remontant jusqu'au 5 février 1766, dans le contrat de l'acquisition que M. Bessas-Lamégie en a faite, reçu par Me Cadet de Chambine, notaire à Paris, le 2 avril 1836, enregistré, contenant quittance du prix de ladite acquisition, et auquel il est référé; néanmoins, il convient de faire connaître ici qu'une expédition de ce contrat a été transcrite au bureau des hypothèques de Bordeaux le 11 duditmois d'avril, volume 688, n° 73, à la charge de deux inscriptions dont M. et madame Bessas-Lamégie s'obligent solidairement de rapporter radiation.

Quant aux immeubles qui composent l'apport de M. et madame Gaullieur-L'Hardy, comme l'acquisition en a été faite de différentes manières, il eût été trop long de les rapporter en ces présentes; on en réfère, pour l'établissement de propriété, comme pour la description et la désignation desdits biens, à un acte déclaratif, reçu à l'instant par les notaires soussignés, qui a été présenté à l'enregistrement en même temps que la minute des présentes, et qui fait remonter l'établissement de propriété de la plus grande partie desdits biens au 5 février 1766, comme pour les immeubles apportés par M. Bessas-Lamégie, attendu que pour cette grande partie c'est la même origine.

M. et madame Bessas-Lamégie, et M. et madame Gaullieur-L'Hardy, subrogent purement et simplement ladite Société dans tous les droits et actions de chacun d'eux, concernant lesdits immeubles, et particulièrement dans tous ceux qui pourraient résulter d'arrangements et d'échanges ou abandons convenus entre eux et la Compagnie des Landes de Bordeaux, dans le but de faciliter l'exécution du canal concédé à ladite Compagnie des Landes par la loi du 1er juin 1834, comme aussi dans la demande de concession de prise d'eau dont il sera ci-après parlé, dans la demande de permission d'établissement d'un haut-fourneau, et dans le droit aux débris des arbres pins que les propriétaires de la grande forêt du Teich font ou feront exploiter en planches.

Lesdits immeubles sont apportés par chacun sous les garanties de droit, sauf la portion dont se sont induement emparés des habitants de la commune de Sanguinet, qui est apportée sans garantie.

La Société supportera les servitudes passives, et jouira de celles actives, sauf à se défendre des unes et à profiter des autres à ses risques et périls.

M. et madame Bessas-Lamégie, et M. et madame Gaullieur-L'Hardy, s'obligent respectivement d'affranchir lesdits immeubles de toutes dettes et hypothèques.

Ils déclarent de plus qu'ils ne sont grevés, en fait d'hypothèque légale, que par celles qui peuvent être acquises à mesdites dames Bessas-Lamégie et Gaullieur-L'Hardy; mais que madame Bessas-Lamégie est mariée sous le régime de la communauté, aux termes de son contrat de mariage, reçu par Me Jonquoy, notaire à Paris, le 16 octobre 1823, et que, par le fait de son obligation solidaire, ladite Société se trouve subrogée dans l'effet de cette hypothèque légale, ce que ladite dame Bessas-Lamégie déclare formellement reconnaître et consentir.

Qu'à l'égard de madame Gaullieur-L'Hardy, elle est mariée sous le régime dotal modifié par une société d'acquêts, aux termes de son contrat de mariage reçu par Mr Faugère, notaire à Bordeaux, le 9 avril 1822; mais que, par ce contrat, une somme de 20,000 francs est seulement frappée de dotalité, et qu'au surplus, madame Gaullieur-L'Hardy subroge ladite Société dans tous ses autres droits.

M. Gaullieur-L'Hardy déclare qu'il a été tuteur de M. Eusèbe-Henri-Alban Gaullieur-L'Hardy son fils, seul enfant né de son premier mariage, mais que son compte de tutelle a été présenté et suivi d'une décharge et d'une main-levée d'hypothèque légale, par acte passé devant Mr Fabre, notaire à Bordeaux, le 22 juillet 1834.

Dans l'apport de M. Bessas-Lamégie sont compris les semis de pins et les travaux de dessèchement qu'il a commencé de faire exécuter, et qu'il prend l'engagement de faire continuer et achever à ses frais et risques par la Compagnie générale de dessèchement de Paris, tant sur les propriétés qui forment son apport social, que sur celles qui forment l'apport social de M. et madame Gaullieur-L'Hardy.

Et, comme complément de son apport, M. Bessas-Lamégie s'oblige de faire exécuter aussi à ses frais et risques, par la même Compagnie, tous les travaux nécessaires, tant pour la prise d'eau soit dans le bief de partage du canal de la Compagnie des Landes, soit ailleurs dans l'étang de Cazau, que pour l'irrigation desdites propriétés, et tout ce qui se rapporte à ces prise d'eau et irrigation.

Lesdits travaux de semis, de dessèchement, de prise d'eau et d'irrigation, et tout ce qui s'y rapporte, à exécuter par la Compagnie générale de dessèchement, auront lieu dans les délais et de la manière indiqués aux deux devis énonciatifs qui seront arrêtés aujourd'hui même entre M. Bessas-Lamégie, MM. les gérants de la présente Société, et les gérants de la Compagnie générale de dessèchement.

De ces deux devis énonciatifs, l'un s'appliquera aux semis et travaux de dessèchement, et l'autre aux travaux de prise d'eau et d'irrigation et à tout ce qui s'y rapporte.

TITRE QUATRIÈME.

CAPITAL SOCIAL, SA DIVISION EN ACTIONS, SON EMPLOI.

Art. 7.

Le capital social est fixé à HUIT MILLIONS DE FRANCS.

ART. 8.

Il est divisé en SEIZE CENTS ACTIONS DE CINQ MILLE FRANCS CHACUNE.

Ces actions représentent :

1° Jusqu'à concurrence de QUATRE-VINGTS ACTIONS, l'apport social de M. et madame Gaullieur-L'Hardy.

2° Jusqu'à concurrence de CENT CINQUANTE-DEUX ACTIONS, l'apport social de M. et madame Bessas-Lamégie, avec les semis de pins et travaux de dessèchement que M. Bessas-Lamégie a fait exécuter, et s'est obligé de faire continuer à ses frais et risques par la Compagnie générale de dessèchement de Paris.

Lesdites quatre-vingts et cent cinquante-deux actions, formant ensemble deux cent trente-deux actions, seront immédiatement délivrées et remises à MM. Gaullieur-L'Hardy et Bessas-Lamégie, dans les proportions qui viennent d'être indiquées.

3° Jusqu'à concurrence de DEUX CENTS ACTIONS, les travaux de prise d'eau, d'irrigation et de tout ce qui s'y rapporte, que M. Bessas-Lamégie s'est obligé de faire comme complément de son apport.

Ces deux cents actions seront remises à M. Bessas-Lamégie, savoir :

Cent, aussitôt l'ouverture desdits travaux, qui devra suivre immédiatement la concession de prise d'eau demandée dans le bief de partage du canal de la Compagnie des Landes, de l'assentiment de cette Compagnie, ou toute autre concession dans l'étang de Cazau, avec intérêts et droit aux dividendes à compter du jour de ladite concession.

Et les cent autres actions, après l'achèvement desdits travaux de prise d'eau, d'irrigation et de tout ce qui s'y rapporte, avec intérêts et droit aux dividendes à compter du jour de cet achèvement.

M. Bessas-Lamégie s'engage à faire accepter par la Compagnie générale de dessèchement QUATRE-VINGTS DE CES ACTIONS, en paiement de travaux, et d'imposer à cette Compagnie l'obligation de conserver ces quatre-vingts actions pendant les cinq premières années de l'existence de la présente Société.

4° Et enfin, jusqu'à concurrence de ONZE CENT SOIXANTE-HUIT ACTIONS, les fonds qui seront versés par suite du placement de ces actions.

ART. 9.

Les fonds provenant des actions dont il est question sous le n° 4 de l'article qui précède, sont destinés à subvenir aux travaux et constructions de toute nature que nécessiteront la mise en valeur et la colonisation des propriétés de la Société, et l'érection d'usines ou de manufactures, et généralement à l'acquit de toutes les charges de la présente Société.

Les frais de constitution de la Société et de premier établissement, le paiement des intérêts des actions pendant la mise en valeur des propriétés, les frais généraux et autres charges d'administration seront avancés par les fonds aux fruits, sauf par les fruits à en faire ultérieurement la restitution aux fonds avant la distribution d'aucun dividende.

TITRE CINQUIÈME.

FORME DES ACTIONS, INTÉRÊT, PAIEMENT DES ACTIONS, CONVERSION ET TRANSFERT.

Art. 10.

Les actions seront nominatives ou au porteur; elles seront numérotées de UN A SEIZE CENTS.

Elles pourront être divisées et délivrées en coupons d'actions de 1,000 fr. chacun, qui porteront un numéro de sortie ainsi que le numéro d'ordre de l'action qui aura été divisée.

La propriété de chaque action ou coupon d'action sera indivisible à l'égard de la Société, qui ne reconnaîtra qu'un seul titulaire.

Les actions et coupons d'actions seront extraits d'un registre à souches.

Les titres seront frappés du timbre sec de la Société, et porteront la signature personnelle des gérants et du caissier principal.

La date de leur délivrance sera constatée par la signature du caissier principal.

Les gérants pourront toujours, sur une délibération par eux prise à l'unanimité, suspendre, quand ils le jugeront convenable, le placement des actions ou des coupons d'actions.

ART. 11.

L'actionnaire qui, après avoir possédé une action, en demandera la division en coupons d'actions, déposera son titre à l'administration. L'action convertie en coupons d'actions sera biffée et déposée aux archives.

Il en sera fait mention sur la souche ainsi que du numéro de sortie des coupons provenant de ladite action.

Les porteurs de cinq coupons d'actions pourront obtenir en échange une action, si les cinq coupons qu'ils représentent proviennent de la même action et portent le même numéro d'ordre, et alors les coupons rentrés seront biffés, au moment de l'échange, et conservés dans les archives.

Les coupons d'actions donnent droit aux intérêts et dividendes, dans la proportion du cinquième de ceux attribués à l'action, mais ils ne pourront être qu'au porteur, et ne donneront aucun droit pour assister aux assemblées générales, sauf ce qui sera dit ci-après pour les assemblées générales ayant pour objet soit le remplacement des gérants, soit des modifications aux statuts, soit la dissolution et la liquidation de la Société, articles 23, 29 et 38.

ART. 12.

Si des actions nominatives étaient perdues, le titulaire, en en faisant la déclaration aux gérants, aurait le droit de leur demander un duplicata du titre, et les gérants seraient tenus de lui délivrer ce duplicata, lorsque six mois se seraient écoulés depuis la date de l'enregistrement de cette demande, sans qu'on leur ait présenté le primata.

Le réclamant donnera récépissé du duplicata. La demande et le récépissé, pour leur donner une date certaine, devront être soumis à la formalité de l'enregistrement aux frais du réclamant.

En cas de perte d'une action au porteur ou d'un coupon d'action, le propriétaire ou prétendant tel devra former, dans les mains des gérants, et dans la personne du président du conseil d'administration, une opposition (avec déclaration des faits) à tout paiement d'intérêts et dividendes, et à toute conversion de l'action ou du coupon perdu. Cette opposition sera assujétie au visa.

Par l'acte d'opposition, l'opposant offrira de transférer à la Société, au nom de la gérance, une inscription de rente sur l'Etat pour garantie des réclamations qui pourraient être faites par toute personne qui se prétendrait propriétaire de cette même action ou de ce même coupon d'action. Cette inscription sera de 250 fr. de rente pour une action, et de 50 fr. de rente pour un coupon d'action.

Le transfert d'inscription opéré, la gérance délivrera au réclamant un certificat de sa réclamation. Ce certificat lui vaudra titre pour recevoir les intérêts et dividendes aux conditions ci-après :

Le réclamant restera garant de tous les effets et suites de son opposition vis-à-vis de la Société ; l'inscription de rente sera pareillement affectée à cette garantie.

Tant qu'il n'y aura pas d'autres réclamations, les intérêts lui seront servis comme aux autres actionnaires, et il lui sera tenu compte des arrérages perçus de son inscription.

Quant aux dividendes et portion de capital d'après la liquidation afférents à l'action ou au coupon d'action, ils ne lui seront payés qu'après que la prescription aura été acquise contre tout autre réclamant.

ART. 13.

En cas de décès, absence, faillite, déconfiture ou incapacité d'un actionnaire, les héritiers ou ayants-cause sont tenus de désigner une seule personne, comme représentant cet actionnaire.

En aucun cas ils ne peuvent, à raison de leur intérêt social, requérir aucune apposition de scellés sur les propriétés de la Compagnie, ni provoquer aucun inventaire, non plus qu'aucune liquidation des biens sociaux. Ils seront tenus de s'en rapporter au dernier inventaire social.

ART. 14.

L'intérêt des actions est fixé à cinq pour cent par an sans retenue (chaque mois compté pour trente jours). Cet intérêt courra du jour de la délivrance des actions, et sera exigible le 22 mars et le 22 septembre de chaque année, et pour la première fois le 22 septembre 1837.

Les intérêts seront payables à Paris ; néanmoins tout actionnaire aura le droit de se faire payer ses intérêts à Bordeaux, en le demandant aux gérants à Paris, un mois avant l'époque de l'exigibilité. Cette demande sera justifiée par une estampille mise au dos de l'action.

Si l'actionnaire veut ensuite être payé à Paris, il fera pareille demande à Paris ; l'ancienne estampille sera biffée et remplacée par une nouvelle portant : Intérêts payables à Paris.

Il en sera de même successivement, suivant que l'actionnaire voudra être payé de ses intérêts soit à Paris, soit à Bordeaux.

Le paiement des intérêts sera constaté par une estampille au dos de l'action. Il sera fait au porteur du titre, et sur quittance à l'instar des rentes sur l'État.

Les intérêts se prescriront par cinq ans.

Art. 15.

Paiement des actions.

Le paiement des actions se fera, soit entièrement au comptant, soit partie au comptant et partie à terme.

S'il est fait en entier comptant, le titre sera délivré de suite.

S'il est fait partie comptant, partie à terme, la partie comptant devra former un ou plusieurs quarts complets, et n'être pas moindre d'un quart.

Les quarts, ou le quart restant à payer, seront exigibles, un quart pour chacune des années suivantes, ou au bout de l'année s'il n'y a qu'un quart, le tout à compter du jour du premier paiement.

Les gérants ne pourront être contraints de recevoir par anticipation aucun versement après la prise d'action.

Il sera délivré aux preneurs d'actions nominatives ou au porteur, non payées entièrement comptant, un récépissé qui sera signé par les gérants et le caissier pour le premier versement seulement.

Les versements subséquents seront constatés sur le récépissé du premier versement, et par la signature d'un des gérants et du caissier.

L'action définitive sera délivrée lors du dernier versement, complétant le prix total de l'action.

Le récépissé indiquera à l'actionnaire :

1° Les époques auxquelles il devra effectuer les autres versements ;

2° Les délais qui lui seront accordés pour éviter toutes pertes et déchéances fixées ci-après par les articles 16 et 17.

Cette indication équivaudra à son égard à toute mise en demeure.

Les récépissés seront tirés d'un livre à souches ; ils porteront un numéro de sortie, ainsi que le numéro d'ordre de l'action qui doit être délivrée en échange lors du complément de paiement.

Les récépissés donneront droit aux intérêts et dividendes comme les actions, mais seulement proportionnellement au capital versé; ces intérêts et dividendes des premiers versements effectués, ne seront exigibles qu'au fur et à mesure des versements subséquents. Les récépissés donneront, pour assister aux assemblées générales, les mêmes droits que les actions entièrement soldées, pourvu que le porteur de ces récépissés ne soit en retard d'aucun versement.

Le paiement des coupons d'actions devra être fait en entier et comptant.

Les actionnaires ne pourront être soumis à aucun appel de fonds, ni au rapport des sommes par eux reçues pour intérêts, ou à titre de dividende.

Toutes les sommes dues pour actions devront être payées au siége de l'administration.

A l'égard des intérêts et dividendes, les actionnaires devront venir les recevoir à l'administration à Paris, ou bien à Bordeaux, en se conformant aux dispositions de l'article 14 ci-dessus.

Art. 16.

Retard de paiement des actions.

Tout actionnaire qui sera d'un mois en retard

de paiement, perdra ses droits aux intérêts et dividendes qui lui auraient été attribués à raison du ou des versements déjà faits. Ces intérêts et dividendes ne courront plus que du jour où il effectuera le versement pour lequel il serait en retard; mais ils courront, à compter de cedit jour, pour le montant de tous les versements effectués.

Il sera fait mention, sur le registre-journal de la Société, de la perte des intérêts et dividendes encourue par l'actionnaire en retard; ils se joindront aux bénéfices sociaux.

Art. 17.

Tout actionnaire qui aura subi la perte de ses intérêts et dividendes, d'après l'article précédent, et qui n'aura pas effectué le versement exigible, dans les trois mois du jour de l'exigibilité, encourra dès lors la déchéance de ses droits d'actionnaire. Le premier quart de l'action par lui versée appartiendra à la Société à titre de dommages-intérêts; le surplus, s'il y en a, demeurera sans intérêts dans la caisse sociale, pour être remis au retardataire, lorsque son action aura été de nouveau placée et entièrement payée.

Dans le cas où le retardataire serait souscripteur de plusieurs actions, si, après avoir prélevé le quart du montant de chaque action souscrite, la somme dont il resterait à lui tenir compte atteignait cinq mille francs ou était supérieure à cinq mille francs, il lui sera délivré autant d'actions qu'il y aurait de fois cinq mille francs dans la somme restant sur celle versée, après avoir fait le prélèvement ci-dessus stipulé, et la portion fractionnaire en espèces, s'il y en a une, lui sera rendue aussitôt que toutes les autres actions dont il était souscripteur auront été placées et entièrement payées.

Les actions complètes qui seront ainsi remises au retardataire n'auront droit à intérêt et dividende qu'à compter de l'expiration du troisième mois, à partir du jour où il devait faire le ou les versements pour lesquels il est en retard.

Les gérants devront placer les actions ainsi abandonnées par le retardataire avant toutes autres qui seraient demandées au comptant et non par récépissés; elles conserveront le même numéro d'ordre.

Mention sera faite, sur le livre-journal de la Société et sur la souche d'actions, de la déchéance encourue par l'actionnaire, et la portion attribuée à la Compagnie se réunira aux bénéfices sociaux.

Art. 18.

De la conversion et du transfert des actions.

Toute action ou récépissé d'action nominative ne pourra être cédé que par la voie du transfert, ci-après déterminée.

Toute action au porteur, récépissé d'action au porteur, ou coupon, se transmettra par la simple tradition manuelle du titre.

Les conversions et transferts d'actions ou de récépissés d'actions nominatives seront constatés par une déclaration inscrite sur le registre à ce destiné, intitulé *Registre de conversions et transferts*, et signé de l'un des gérants et du propriétaire transférant, lequel devra rapporter l'action ou le récépissé transféré. Si les gérants ne connaissaient pas l'actionnaire, ils auraient le droit d'exiger qu'il fît certifier son identité par un autre actionnaire connu, ou par un agent de change de Paris, ou par les voies légales. Par suite de ces conversions et transferts, les gérants délivreront un nouveau titre qui conservera le numéro d'ordre de celui qu'il remplacera, et donnera droit aux intérêts et dividendes courus depuis le dernier paiement et la dernière répartition.

L'ancien titre sera biffé à l'instant, et il sera fait mention sur la souche de la conversion ou du transfert.

La délivrance du nouveau titre donnera lieu, par chaque action ou chaque récépissé d'action, au versement de cinq francs pour paiement à forfait de tous frais. Le caissier devra tenir un livre-journal des actions, où il mentionnera jour par jour la délivrance des actions, coupons d'actions et récépissés, les conversions et transferts, l'échange des actions en coupons, *et vice versa*, et généralement tout ce qui a rapport au placement et à la délivrance des actions.

Les gérants sont autorisés à allouer, s'ils jugent à l'unanimité qu'il y ait lieu, des frais de négociation pour le placement des actions; mais ces frais de négociation ne pourront excéder deux pour cent.

Il sera justifié desdits frais par les gérants à la commission de surveillance.

TITRE SIXIÈME.

EMPLOI DES FONDS DISPONIBLES.

Art. 19.

Le caissier de la Société ne pourra conserver dans sa caisse au-delà d'une somme de vingt-cinq mille francs.

Les fonds disponibles seront employés en bons du Trésor au nom de la Société, lesquels ne pourront être recouvrés ou négociés qu'avec la signature des trois gérants.

S'il n'existait pas de bons du trésor, les fonds disponibles seraient employés en report de rentes sur l'Etat. La vente de ces rentes ne pourra également s'effectuer qu'avec la signature des trois gérants ; mais comme les besoins du service exigeront presque continuellement la présence de deux gérants sur les lieux de l'exploitation, deux des gérants pourront toujours avoir chacun un mandataire à Paris.

Les mandats pour ce cas spécial comme tous autres, soit à Paris, soit à Bordeaux, ne seront pas révoqués par la présence du mandant, alors même que ce dernier aurait agi personnellement par intervalle. Ce mandat vaudra jusqu'à révocation expresse.

Cependant les gérants pourront, à l'unanimité, décider que les fonds disponibles seront, ou employés en report de rentes sur l'Etat au nom de la Société, quand bien même il existerait des bons du Trésor, ou déposés, soit à la Banque de France, soit à la Banque de Bordeaux.

Le compte courant à chacune de ces banques sera demandé au nom de la Société; le retrait des fonds de la Banque de France ne pourra s'opérer que sur les mandats signés d'un des gérants et du caissier principal; les fonds déposés à la Banque de Bordeaux ne pourront être retirés qu'avec la signature de deux des gérants.

Les gérants seront responsables de leurs mandataires vis-à-vis de la Société, comme s'ils avaient agi eux-mêmes.

TITRE SEPTIÈME.

ATTRIBUTION DES BÉNÉFICES ET PAIEMENT DES DIVIDENDES.

ART. 20.

Il sera fait chaque année un inventaire de l'actif et du passif de la Société.

Cet inventaire sera balancé valeur au trente-un décembre.

Le rapport sur la situation de la Société, et la reddition des comptes, se feront à l'assemblée générale annuelle qui fixera le dividende à distribuer.

Sur la somme fixée pour être distribuée à titre de dividende, il sera prélevé dix pour cent, qui resteront comme fonds de réserve, pour faire face aux besoins imprévus de la Société.

Ce prélèvement de dix pour cent cessera toutes les fois que le fonds de réserve se trouvera être de quatre cent mille francs.

Après ce prélèvement de dix pour cent, le surplus des dividendes sera réparti, savoir :

Soixante-dix pour cent aux actionnaires ;

Vingt-quatre pour cent aux gérants, à raison de huit pour cent chacun ;

Et six pour cent seront laissés à la disposition des gérants, tant pour être destinés à donner des encouragements, secours, indemnités et retraites aux divers ouvriers, employés ou agents de la compagnie qui pourraient y avoir droit, que pour contribuer aux secours, allégements ou souscriptions qui auraient pour objet quelques calamités ou malheurs survenus dans le pays.

La gérance devra, chaque année, justifier de l'emploi de ces six pour cent à la commission de surveillance; dans le cas de non-emploi, total ou partiel, ces six pour cent, ou ce qui en restera, seront ajoutés aux fonds de réserve dont il vient d'être parlé.

Chaque action aura droit au dividende à partir de l'époque et dans la proportion du montant des versements faits.

Le dividende sera censé acquis dans la même proportion pour chaque jour; ainsi douze mois, de trente jours chacun, formant une année de trois cents soixante jours, le dividende pour l'année étant de trois cent soixante francs, chaque jour compterait pour un franc.

Il sera, en conséquence, proportionnel aux intérêts courus depuis le jour du versement.

Le paiement du dividende voté a lieu en même temps que le plus prochain paiement des intérêts après ce vote.

Il se fait et il est constaté de la même manière que celui des intérêts.

TITRE HUITIÈME.

GÉRANCE, SES ATTRIBUTIONS, SES OBLIGATIONS, SES DROITS.

ART. 21.

MM. de Blacas, Wissocq et Cazeaux sont seuls gérants de la Société. Ils pourront prendre le titre de directeurs de la Compagnie.

La présidence de la gérance est conférée à M. de Blacas par ses deux collègues, pour tout le temps qu'il sera gérant.

Cette présidence sera personnelle à M. de Blacas. Elle aura pour objet de régler l'ordre des délibérations de la gérance.

Les gérants administrent les affaires de la Société, exercent tous ses droits actifs et passifs, et font tous les actes quelconques qui résultent de cette qualité.

Ils sont en conséquence indéfiniment et solidairement responsables des faits et actes de la gérance et de tous ses engagements vis-à-vis des tiers.

Toutes les opérations à entreprendre par la Société devront être décidées par les gérants à l'unanimité.

Tous les traités, baux à ferme ou à loyer, faits au nom de la Société, devront être consentis par tous les gérants.

Deux des gérants, ou un seul pour eux, en vertu d'une délibération spéciale, prise à l'unanimité par les gérants, pourront être chargés de faire exécuter les opérations arrêtées par la gérance, faire les traités et baux à ferme et à loyer, enfin tous actes d'exécution et toute correspondance y relative.

Toute correspondance qui ne contiendra aucun engagement pourra toujours être signée d'un seul des gérants.

Les gérants auront droit à des émoluments fixes de 8,000 francs par an pour chacun, payables mensuellement à partir du 1er février 1837.

Chacun des gérants apporte dans la Société une somme de 50,000 francs, ce qui fait pour les trois une somme de 150,000 francs, pour laquelle il sera délivré à chacun dix actions nominatives, ou pour les trois trente actions.

Ces actions seront incessibles, et seront affectées à la garantie de leur gestion : il sera fait mention de cette affectation privilégiée sur chacune d'elles et sa souche.

Le caissier principal de la Société devra fournir un cautionnement de 50,000 francs en espèces ou en valeurs, à la satisfaction des gérants.

Art. 22.

Les gérants pourront employer, en vertu d'une délibération prise par eux à l'unanimité, jusqu'à concurrence de cinq cent mille francs du fonds social, en acquisition de nouveaux terrains au nom de la Société.

S'il devenait avantageux, dans l'intérêt général de la Société, de vendre ou d'échanger quelques parties des propriétés de la Société, notamment pour favoriser la colonisation ou pour attirer la population sur les lieux de toute autre manière, les gérants sont autorisés à y procéder à l'amiable, en vertu d'une délibération prise par eux à l'unanimité, mais ces ventes ne pourront excéder trois cents hectares.

Ils sont également autorisés à vendre ou echanger à l'amiable, d'après une délibération prise par eux à l'unanimité, les terrains qui pourraient avoir été acquis pour l'exploitation des matières premières à l'usage des usines et de l'amendement des terres.

Ils sont aussi autorisés, lorsqu'ils le jugeront tous les trois convenable, à faire des échanges de terrains de la Société contre des enclaves et contre des terrains contigus, pour rendre l'exploitation plus facile et plus avantageuse ; mais sans pouvoir, en aucun cas, créer de nouvelles enclaves dans les propriétés de la Société.

Ils pouront faire lesdites ventes au comptant ou à terme, même avec aliénation de tout ou partie du capital dans les mains des acquéreurs.

Les capitaux résultant de ces ventes, et qui seraient reçus par les gérants, ne seront pas distraits du fonds social, et seront replacés en de nouvelles acquisitions, ou employés sur les propriétés de la Société.

Les gérants en rendront compte, mais les acquéreurs ne seront pas tenus de suivre ces replacements ou emplois qui leur demeureront étrangers.

Art. 25.

Décès. — etraite des gérants.

Dans le cas de décès de l'un des gérants avant le terme fixé pour la durée de la Société, elle ne sera point dissoute; elle continuera sans apposition de scellés ni inventaire des propriétés sociales entre les gérants survivants et les commanditaires.

Les gérants survivants devront, dans un délai de trois mois du jour du décès, convoquer l'assemblée générale pour pourvoir au remplacement du décédé.

Les veuve, héritiers ou représentants du décédé devront, dans un délai de trente jours, déclarer si leur intention est de se faire représenter par une personne de leur choix; et dans le cas où il résulterait de leur déclaration que leur intention serait telle, il leur sera accordé un nouveau délai de trente jours pour faire cette présentation et fournir la demande d'admission que signera la personne présentée.

Si le remplaçant présenté est agréé par les gérants, ces derniers convoqueront l'assemblée générale, lui soumettront la proposition, qui sera par elle agréée ou rejetée définitivement.

Si la personne présentée par les ayants-droit est admise, ils devront nécessairement lui transférer les actions de leur auteur qui étaient affectées à la garantie de sa gestion, et alors la Société n'aura pas à s'occuper des droits des veuve ou héritiers que cette personne aura dû désintéresser, ou qui, de plein droit, seraient présumés l'être.

Si, au contraire, il n'en est pas présenté par lesdits ayants-droit, ou si la personne présentée n'est pas agréée, la Société paiera à ces derniers le traitement du décédé, échu au jour du décès.

Les actions du décédé, affectées à la garantie de sa gestion, n'en seront déchargées qu'après l'approbation des comptes par la prochaine assemblée générale annuelle. De plus, les héritiers du sang, ou institués, auront droit, pendant toute la durée de la Société, au tiers exact des bénéfices attribués à la portion de gérance du décédé, moins le traitement. Ils auront également droit lors de la liquidation, au tiers des bénéfices attribués à la portion de gérance du décédé. La veuve seule, tant qu'elle ne se remariera pas, jouira, à titre de pension viagère insaisissable, pendant toute la durée de la présente Société, du tiers de ce traitement.

Ainsi qu'il est prévu ci-dessus, lorsque les ayants-droit du décédé déclareront qu'ils ne proposeront pas de remplaçant, ou n'auront pu faire admettre celui qu'ils auront présenté, le droit de présentation jusqu'à remplacement sera dévolu aux gérants.

Le remplaçant devra présenter une valeur de 50,000 francs en actions de la Société à son nom, qui seront incessibles et affectées à la garantie de la gestion.

Il ne jouira que des deux tiers des avantages de son prédécesseur, puisque le premier tiers aura été réservé à la succession, de sorte que ce changement de gérant ne pourra jamais accroître, au détriment des actionnaires, les quotités accordées à la gérance.

Si cependant le gérant décédé ne laissait ni héritier du sang, ni héritier institué, ou qu'en ayant laissé, ceux-ci renonçassent soit à la succession, soit au bénéfice résultant des dispositions qui précèdent, le tiers des bénéfices à eux réservé profiterait au gérant qui remplacerait le décédé.

De même, si le décédé ne laissait pas de veuve, ou qu'elle vînt à se remarier, dès lors, le nouveau gérant jouirait de l'intégralité des émoluments ou traitement attribués à la gérance par les présents statuts.

Le traitement disponible du gérant décédé appartiendra par portions égales aux gérants survivants pendant tout le temps qu'il ne sera pas remplacé; mais les deux tiers des bénéfices d'autre nature, sans préjudice du cas ci-dessus prévu, seront réservés et accordés au nouveau gérant.

Les dispositions contenues dans le présent article, relatives à la pension de veuve et à l'attribution de portion de bénéfices au profit des héritiers ou représentants d'un gérant décédé, ne s'appliquent qu'aux veuves et héritiers des gérants actuels.

Dans le cas où, pour cause de maladie ou d'empêchement quelconque, un gérant viendrait à cesser ses fonctions, il devra préalablement obtenir le consentement de ses co-gérants et de l'assemblée générale, pour l'admission de celui qui devrait le remplacer; jusqu'à ce que le gérant ait obtenu cet agrément, il sera responsable de sa gestion.

A toute assemblée générale qui aura à accepter un gérant, seront admis et convoqués, de la même manière qu'il est énoncé ci-après art. 29 pour les modifications aux statuts, tous les actionnaires, sans autre exception que ceux qui ne seraient pas propriétaires d'au moins une action ou cinq coupons d'action.

Cette assemblée délibèrera, à la majorité des trois quarts des voix sociales présentes, sans autre condition pour la validité, comme il est dit audit art. 29 pour la seconde assemblée générale.

Art. 24.

L'interdiction, la faillite ou la déconfiture d'un ou de plusieurs gérants, n'opèrera point la dissolution de la Société, et ne pourra en suspendre les opérations, qui seront continuées par les autres.

Aucun de ces événements ne pourra donner lieu à l'apposition des scellés, ni à aucune espèce d'inventaire des biens de la Société et de ses papiers.

Les appointements et dividendes seront calculés jusqu'au jour où le gérant aura cessé ses fonctions.

Le dividende sur lequel le calcul s'établira sera seulement celui fixé par l'assemblée générale annuelle qui suivra la cessation des fonctions de ce gérant.

Pour la nomination du remplaçant de ce gérant, par suite d'interdiction, il en sera de même que pour le cas de décès ; mais dans celui de faillite ou de déconfiture, le gérant, sa famille ni ses ayants-cause ne seront point admis à présenter de remplaçants, et ils n'auront pas droit au tiers réservé par l'article précédent, lequel tiers profitera à son remplaçant.

TITRE NEUVIÈME.

EXÉCUTION DES TRAVAUX.

ART. 25.

L'exécution des travaux d'arts importants devra avoir été précédée de plans, projets, devis et détails estimatifs approuvés par une délibération des gérants, à l'unanimité, et par le conseil d'art de la Compagnie.

Les devis et détails estimatifs étant approuvés, les gérants auront la faculté de mettre les travaux en adjudication, ou de les faire exécuter, soit par économie, soit par traité à l'amiable, d'après une délibération prise aussi par eux à l'unanimité.

Si les travaux s'exécutent par des traités faits avec des entrepreneurs ou par économie, les prix qui seront accordés par les gérants ne devront pas dépasser ceux qui auront été approuvés par le conseil d'art.

Dans le cas où les travaux ne pourront être traités qu'à un prix supérieur au devis, les gérants recevront les offres volontaires. Le taux le plus bas sera accepté comme mise à prix d'une adjudication au rabais, laquelle en ce cas devra précéder la conclusion du traité, et déterminer le prix qui sera alloué.

Tous les travaux seront exécutés sous la direction des gérants.

Toutes les formalités ci-dessus seront applicables à ceux des travaux agricoles qui seront de nature à être soumis au conseil d'agriculture.

TITRE DIXIÈME.

ASSEMBLÉES GÉNÉRALES.

Art. 26.

Chaque année, dans la dernière quinzaine de février, il y aura, au siége de la Société à Paris, une assemblée générale des actionnaires. La première assemblée générale annuelle aura lieu le 15 février 1838.

Art. 27.

Tous propriétaires de quatre actions nominatives sont membres de l'assemblée générale.

Cependant ceux qui auraient acquis leurs actions par voie de transfert, ne seront admis à l'assemblée générale que si ce transfert est fait avant le 15 janvier qui précède cette assemblée.

Tout propriétaire de quatre actions au porteur est pareillement membre de l'assemblée générale, mais pour pouvoir y être admis, il devra avoir fait à la caisse de la Société, au plus tard le 1er février qui précédera l'assemblée et en représentant les titres, la déclaration du nombre d'actions dont il est propriétaire. L'un des gérants et le caissier lui donneront acte de sa déclaration contenant le numéro de ses actions, et c'est sur l'exhibition de cet acte et des mêmes actions qu'il sera admis à l'assemblée générale.

Les gérants devront, de plus, annoncer le jour de l'assemblée, au moins quinze jours à l'avance, par la voie des Petites-Affiches, et au moins dans un journal quotidien de Paris et dans un de Bordeaux, indépendamment des avis que les gérants pourront donner par lettres.

Dans le cas où il ne se trouverait pas vingt-cinq actionnaires propriétaires chacun de quatre actions, les gérants devront appeler à l'assemblée générale les premiers actionnaires inscrits et propriétaires de trois actions; si, enfin, les propriétaires de quatre et de trois actions n'atteignaient pas le nombre de vingt-cinq, il serait complété par les premiers actionnaires inscrits et propriétaires de deux actions.

Tout actionnaire propriétaire d'un nombre suffisant d'actions, pourra se faire représenter par un mandataire, porteur d'une procuration spéciale et authentique.

Les pouvoirs des mandataires devront être déposés entre les mains du caissier, cinq jours avant celui de l'assemblée.

Les délibérations sont prises à la majorité des voix sociales appartenant aux membres présents.

Quatre actions donnent une voix.

Dix actions donnent deux voix.

Vingt-cinq actions donnent trois voix.

Cinquante actions donnent quatre voix.

Cent actions donnent cinq voix.

Quel que soit le nombre d'actions dont on soit titulaire ou porteur, ce dernier nombre de voix ne peut être dépassé.

Aucun mandataire ne pourra représenter plus d'un actionnaire.

Pour chaque assemblée générale, il sera dressé et signé par le caissier principal un état des actionnaires dans le cas d'être admis à l'assemblée, constatant le nombre d'actions dont chacun d'eux est propriétaire, afin de déterminer le nombre des voix sociales qui lui appartiennent.

Cet état sera émargé par chaque actionnaire présent.

Le président de l'assemblée sera celui de la commission de surveillance, à son défaut, le vice-président de cette commission, et ensuite le plus âgé des autres membres présents de la commission.

Le président nommera le secrétaire parmi les actionnaires présents.

Tous les membres des conseils d'art, du contentieux et d'agriculture seront appelés aux assemblées générales, et y auront, en cette qualité, voix seulement consultative, sans préjudice des voix délibératives qu'ils pourraient avoir en qualité d'actionnaires.

Art. 28.

L'assemblée générale entendra le rapport de la commission de surveillance, et le compte que les gérants rendront des affaires de la Société pendant l'année précédente ; l'approuvera s'il y a lieu, nommera la commission de surveillance pour l'année suivante, et votera sur toutes les questions qui lui seront soumises pour les affaires de la Société, conformément aux présents statuts.

Les délibérations de l'assemblée générale sont prises à la majorité des voix sociales présentes à ces assemblées. Ces délibérations engagent tous les actionnaires présents et absents.

Les actionnaires qui assisteront à l'assemblée générale recevront chacun un jeton de présence.

Les jetons de la Société ne pourront pas excéder la valeur de cinq francs chacun.

Les gérants, en raison de leurs actions, pourront voter dans les délibérations, excepté dans celles qui auront pour objet l'approbation des comptes et la nomination de la commission de surveillance.

Art. 29.

Indépendamment des assemblées générales annuelles ci-dessus prescrites, les gérants auront le droit de convoquer extraordinairement l'assemblée générale.

La commission de surveillance a le même droit, mais en vertu d'une délibération prise à la majorité de la totalité des membres qui la composent.

Il ne pourra y avoir lieu à une assemblée générale extraordinaire que pour des cas d'urgence, et notamment pour ceux stipulés aux articles 23 et 24.

Dans le cas d'assemblée extraordinaire, la convocation devra être faite et annoncée dans les journaux, un mois à l'avance.

Les propriétaires d'actions au porteur qui auront droit d'assister aux assemblées générales annuelles, devront, dans le cas dont s'agit, avoir fait la déclaration prescrite par l'article 27, quinze jours au moins avant celui fixé pour l'assemblée générale extraordinaire.

Les gérants seuls pourront convoquer extraordinairement pour prononcer sur les modifications qui seraient jugées nécessaires aux statuts. Ils devront énoncer dans une lettre de convocation, adressée autant que possible à chaque actionnaire, qu'il s'agira de délibérer sur les statuts de la Société.

Les annonces dans les journaux devront porter la même indication.

Par aucun motif, et sous aucun prétexte, l'assemblée ne pourra changer la qualité de commanditaire appartenant aux actionnaires, ni prendre aucune délibération qui compromettrait cette qualité.

Aucune addition, suppression ou modification ne sera faite aux présents statuts que sur la proposition unanime des gérants, sanctionnée, en assemblée générale, par les trois quarts au moins des voix sociales présentes à cette assemblée, formant au moins les trois quarts des actions des membres présents, et la moitié au moins de toutes les actions placées.

Si cette première assemblée générale ainsi convoquée ne réunissait pas les moyens de remplir les conditions ci-dessus exprimées, une seconde assemblée aurait lieu de droit, à pareil jour de la semaine suivante.

Dès le lendemain de la première assemblée, un avis de la seconde assemblée sera envoyé aux journaux, et des lettres de convocation seront adressées, dans le plus bref délai possible, aux actionnaires absents.

La délibération de cette deuxième assemblée serait prise à la majorité des trois quarts des voix sociales présentes, sans qu'il soit besoin d'autres conditions pour la validité.

Toute proposition de la nature de celles ci-dessus indiquées devra être faite par écrit; l'adhésion de chaque actionnaire consentant devra être donnée au pied de cette proposition ou sur l'acte qui serait dressé à cet effet par les notaires présents à l'assemblée.

Tout actionnaire, quel que soit le nombre d'actions dont il sera propriétaire, aura le droit d'assister à cette assemblée.

Tout propriétaire de cinq coupons d'actions, quels que soient leurs numéros d'ordre, aura le même droit, mais pour ce cas spécial seulement, et pour l'acceptation des gérants, ainsi qu'il est dit articles 23 et 24 ci-dessus, et les dissolution et liquidation de la Société, ainsi qu'il sera ci-après exprimé.

Les cinq coupons donneront une voix, et seront considérés comme une action.

Les propriétaires de dix actions, et d'un plus grand nombre, auront les mêmes voix qui leur sont accordées pour les assemblées générales ordinaires.

La proposition dont est ci-dessus question, et les adhésions à cette proposition, si elle est sanctionnée par l'assemblée générale, seront déposées pour minute à la suite des présents statuts, et publiées conformément à la loi, ou il en sera dressé, par les notaires présents à l'assemblée, acte, qui sera pareillement publié.

TITRE ONZIÈME.

COMMISSION DE SURVEILLANCE, SA COMPOSITION, SES ATTRIBUTIONS.

Art. 30.

Il est institué une commission de surveillance.

Elle est composée de sept membres.

Les membres qui devront en faire partie seront choisis parmi les propriétaires d'actions nominatives, à la majorité absolue des voix sociales présentes.

Dans le cas où des candidats auraient le même nombre de voix, le plus fort actionnaire d'entre eux sera nommé; et si, de plus, il y avait égalité d'actions, ce serait celui qui serait le plus ancien actionnaire de la Société.

Les membres ne seront élus que pour une année; ils pourront être réélus.

Si cependant le nombre des membres était réduit au-dessous de trois, une assemblée générale extraordinaire serait convoquée à la diligence des membres restants, à l'effet de procéder à la nomination à toutes les places vacantes.

Les membres de la commission de surveillance ont pour attribution principale de veiller au maintien et à la stricte exécution des présents statuts.

Ils auront le droit de vérifier la régularité des écritures, de constater les encaisses, et de se faire représenter, mais sans déplacement, tous les registres, pièces et documents qu'ils croiront utiles d'examiner.

Enfin, les membres de cette commission feront actes de la surveillance la plus étendue, sans jamais s'immiscer dans la gestion de quelque manière que ce soit.

Chaque année ils feront leur rapport à l'assemblée générale sur les comptes des gérants, et sur le plus ou moins de régularité de leur gestion.

La commission s'assemblera toutes fois qu'elle le jugera convenable, mais elle devra se réunir au siége de la Société, et au moins une fois par mois.

Elle délibérera à la majorité des suffrages des membres présents, qui devront être au moins au nombre de trois.

S'il y avait partage égal, la voix du président, ou de celui qui le remplacera, déterminera la majorité.

Les membres de la commission nommeront entre eux un président et un vice-président.

La commission tiendra un registre des procès-verbaux de ses séances et délibérations.

Le registre restera déposé au siége de la Société.

Tout membre qui cesserait d'être actionnaire nominatif ne ferait plus partie de la commission de surveillance.

Art. 31.

A chaque exercice, la commission de surveillance pourra déléguer un de ses membres pour se rendre sur les propriétés de la Compagnie, à l'effet d'inspecter les opérations et faire toutes les vérifications qu'il jugera utiles.

Il devra faire un rapport à la commission du résultat de son inspection.

Lorsque ce délégué sera en mission, il aura droit à une indemnité de 20 francs par jour, non compris les frais de voyage à raison de 4 francs 50 centimes par poste.

ART. 32.

La commission de surveillance est, dès à présent, composée de cinq membres dont les noms suivent; lesquels auront le droit de s'adjoindre deux autres membres pris parmi les actionnaires nominatifs.

Ces cinq membres sont :

MM.

Le DUC DE MONTMORENCY, pair de France, *président.*

Le COMTE DE BERTIER, ancien directeur-général des eaux et forêts, *vice-président.*

Le BARON DE MAISTRE.

Le VICOMTE DE GOUPY DE BEAUVOLERS.

Et GUYARDIN, l'un des gérants de la Compagnie générale de desséchement de Paris.

M. GUYARDIN est nommé délégué de la commission de surveillance.

Les pouvoirs des membres de cette commission de surveillance et de son délégué expireront le jour de la réélection de la commission de surveillance, qui aura lieu dans la première assemblée générale annuelle (dernière quinzaine de février 1838.)

TITRE DOUZIÈME.

CONSEILS.

Art. 33.

Conseil du contentieux.

Il y a, près de l'administration centrale à Paris, un conseil du contentieux chargé de donner son avis sur tous les points qui peuvent faire difficulté, et dont la solution demande des connaissances en matière de législation et de jurisprudence.

Le conseil se compose de :

Sept avocats ou jurisconsultes ;
Deux notaires ;
Un avoué à la Cour royale ;
Un avoué de première instance ;
Un agréé.

Les gérants pourront ne convoquer que trois membres du conseil s'ils le jugent suffisant.

L'avis du conseil sera constaté par un procès-verbal transcrit sur un registre à ce destiné.

Ils seront appelés aux assemblées générales, ordinaires et extraordinaires.

Chaque membre présent aura droit à des jetons de présence par séance.

ART. 34.

Conseils d'art et de manufactures.

Il sera établi un conseil d'art, composé d'ingénieurs et d'hommes spéciaux.

Ils pourront être au nombre de dix à quinze, le choix en sera fait par les gérants.

Les gérants consulteront ce conseil sur toutes les opérations à entreprendre.

Les travaux formant une partie de l'apport social, devant être examinés et approuvés par le conseil d'art de la Compagnie générale de dessèchement, sont nécessairement exceptés de la disposition précédente.

Chacun des membres recevra des jetons de présence.

ART. 35.

Conseil d'agriculture.

Il y aura aussi un conseil d'agriculture, composé de dix à quinze membres choisis parmi ceux de la Société royale d'agriculture de Paris, ou parmi les personnes connues par leurs études et leur expérience en agriculture.

Les membres du conseil seront choisis par la gérance.

Ils auront droit chacun à des jetons de présence.

Art. 36.

Dispositions générales.

Il ne pourra, dans aucun cas et sous aucun prétexte, être apposé aucun scellé ni fait aucun inventaire judiciaire des objets de la Société.

Les immeubles; étant mis en société, ne pourront être licités entre les actionnaires.

Les inventaires sociaux serviront de base au règlement des intérêts des gérants, des actionnaires, et de tous les tiers intéressés directement ou indirectement.

Art. 37.

Dispositions transitoires, éventuelles et facultatives.

Si, dans l'intérêt de la Compagnie, il était reconnu avantageux par les gérants de contribuer à l'amélioration des routes aboutissant aux propriétés de la Société, ils sont autorisés à concourir pour une somme de cinquante mille francs aux projets qui seraient adoptés par les conseils-généraux, ou par les conseils d'arrondissement.

Il leur est donné la faculté de prendre une participation dans l'exécution de travaux qui auraient pour but l'amélioration des grandes voies de communication, telles qu'un chemin de fer ou un canal, de la Teste à Bordeaux, ou dans les entreprises dont le résultat serait d'ouvrir de nouveaux débouchés, et de procurer des matières premières qui augmenteraient la plus-value de la propriété.

La participation que la gérance jugerait convenable de prendre dans ces travaux ou entreprises, ne pourra excéder la somme de cinq cent mille francs.

Les gérants sont spécialement autorisés à prendre, avec messieurs les gérants de la Compagnie des Landes de Bordeaux, tous les arrangements qui pourront contribuer à la prospérité de l'une et de l'autre Compagnie, et, en conséquence, à faire avec eux tous les traités qui seront de nature à conduire à ce but.

Les gérants ne pourront user des facultés ou autorisations que renferme le présent article qu'en vertu de délibérations par eux prises à l'unanimité.

ART. 38.

Dissolution et liquidation.

Dans le courant de la vingt-huitième année de la durée de la Société, les gérants pourront convoquer une assemblée générale extraordinaire, conformément à l'article 29 des présents statuts, à l'effet de délibérer sur la question de savoir si la Société devra être renouvelée à l'expiration de la trentième année de sa durée.

Dans le cas seulement où, par suite de pertes éprouvées par la Société, son capital social se trouverait réduit aux deux tiers, ce qui sera établi par l'inventaire définitivement approuvé par l'assemblée générale annuelle, les gérants seront tenus de convoquer dans les trois mois une assemblée extraordinaire pour délibérer sur la question de dissolution, et dans ce cas, la délibération sera prise à la majorité ordonnée dans l'article 29.

La liquidation de la Société, à quelque terme qu'elle soit opérée, sera faite par les soins des gérants sous la surveillance des trois commissaires nommés spécialement à cet effet par ladite assemblée générale des actionnaires.

Le produit servira d'abord à rembourser le capital nominal des actions, et le surplus sera partagé, conformément à l'article 20 des présents statuts, qui fixe la répartition des dividendes ou bénéfices.

Si l'assemblée prononçait la continuation de la Société au-delà des trente années pour lesquelles elle est faite, elle devrait, séance tenante, statuer sur la proposition de la gérance, qui fixerait le nouveau laps de temps de sa durée. Il en serait de même à l'expiration de cette prolongation, et ainsi successivement.

Art. 39.

Jugements et contestations.

Toutes les difficultés et contestations qui pourront s'élever, soit entre les gérants, soit entre eux d'une part, et un ou plusieurs actionnaires d'autre part, soit entre les gérants et la masse des commanditaires, relativement à l'exécution des présents statuts, seront soumises à la décision de trois arbitres, nommés :

Le premier par le ou les demandeurs;

Le deuxième par le ou les défendeurs;

Et le troisième, par les deux arbitres que les parties auront désignés.

En cas de discord entre ces deux arbitres sur le choix du troisième, il sera nommé par le président du tribunal de commerce de Paris, à la réquisition de la partie la plus diligente.

Les trois arbitres ainsi nommés prononceront à la majorité des voix, comme amiables compositeurs, sans forme ni délai de procédure; leur décision sera sans appel, requête civile, ni recours en cassation.

ART. 40 et dernier.

Tout propriétaire d'actions ou de coupons d'actions est censé bien connaître les présents statuts, et y avoir donné son adhésion, quoiqu'il ne les ait pas signés.

En conséquence, il ne pourra opposer aucune exception ni réserve aux stipulations contenues aux présentes.

Fait et passé à Paris, pour MM. le comte de Blacas, Wissocq, Cazeaux et Gaullieur-L'Hardy, en la demeure de M. de Blacas, pour madame Gaullieur-L'Hardy en son logement sus-indiqué, et pour chacune des autres personnes en sa demeure.

L'an mil huit cent trente-sept, les trois et quatre février.

Et ont signé avec les notaires, après lecture,

la minute des présentes demeurée en la possession de Me Fremyn soussigné, en marge de laquelle est écrit: Enregistré à Paris, onzième bureau, le neuf février mil huit cent trente-sept, folio 107 recto, case 6, reçu cinq francs cinquante centimes, décime compris. Signé, de Villemor.

TABLE.

FIN.

www.ingramcontent.com/pod-product-compliance
Lightning Source LLC
LaVergne TN
LVHW011954160826
845678LV00002B/540
* 9 7 8 2 3 2 9 6 8 3 6 3 8 *